AF459721
V

[illegible]

ET DES

DÉBITANS DE VIN,

PAR F. M.,

Ancien Receveur Central de [illegible]

de Nismes.

NISMES,

IMPRIMERIE DE LA VEUVE GA[illegible]

1831.

L'AIDE
DES PROPRIÉTAIRES
ENTREPOSITAIRES,
ET DES
DÉBITANS DE VIN;

PAR F. M.,

Ancien Receveur Central de l'Octroi de Nismes.

A NISMES,
Chez la V.e GAUDE, Imprimeur-Libraire.

1831.

Un Mot pour Préface.

La loi sur les contributions indirectes embrasse tant d'objets, qu'elle met une infinité de personnes, même la majeure partie de celles qui leur sont le plus assujéties, dans l'impossibilité de se familiariser avec elle.

D'où il résulte que, quoi que l'on ait à faire, pour si peu essentiel que ce soit, concernant cette administration, on y est toujours en tâtonnant, et dans la crainte de se mettre en contravention, ce qui vous met dans une alternative pénible, de peur de compromettre ses intérêts; et l'on est quelquefois exposé de se voir mettre à l'amende par son ignorance des dispositions de la loi.

Voulant éviter certains inconvéniens qui arrivent parfois, à ce sujet, aux personnes assujéties à cet impôt, nous nous sommes pénétrés du désir de leur être utile en rédigeant ce petit ouvrage, intitulé : *L'Aide des Propriétaires-Entrepositaires, et des Débitans de Vin.*

Nous avons l'honneur de prévenir nos lecteurs, avant de leur faire valoir l'avantage qu'ils pourront en recueillir, que nous ne leur offrons point un second commentaire des lois sur les contributions indirectes, comme a pu faire un célèbre auteur dans le temps, mais suffisamment de quoi les faire aller droit à leur but; c'est-à-dire, qu'en suivant la marche que nous leur indiquons, ils seront exempts des suites onéreuses qu'entraine souvent le tâtonnement avec lequel on s'y livre, sans la moindre intention de frustrer les droits du Gouvernement.

On y trouvera encore des tarifs concernant les introductions sur tous les Spiritueux, soit les eaux-de-vie et esprits de toute espèce en bouteilles, les liqueurs composées d'eau-de-vie ou d'esprit, et fruits à l'eau-de-vie, tant en cercles qu'en bouteilles, et pour les Vins, soit de liqueurs, ou autres non de liqueurs, tant en cercles qu'en bouteilles : de plus, le rapport des veltes en hectolitres et litres, celui des muids en veltes, celui du baral de Saint-Gilles en litres, et quelques petites opérations arithmétiques, concernant toutes les réductions ci-dessus des mesures de capacité anciennes en mesures de capacité nouvelles.

AVIS IMPORTANT.

Si l'on veut faire la preuve des tarifs contenus dans ce petit ouvrage, ou établir le droit de telle quantité quelconque de vin, il faut faire toujours deux opérations pour être juste ; savoir : l'une pour le droit principal, et l'autre pour le droit d'octroi ; sans quoi il y aurait différence d'un ou de deux centimes, selon la quantité de vin qu'on multiplierait, par suite de ce qu'on est obligé de forcer aux droits d'entrée et d'octroi, lorsqu'il y a lieu.

L'AIDE
DES PROPRIÉTAIRES
Entrepositaires,
ET DES
DÉBITANS DE VIN.

****

CHAPITRE PREMIER.

Des formalités que doit remplir le propriétaire récoltant, lorsqu'il veut faire enlever du vin de sa cave.

Les propriétaires récoltans ne peuvent vendre que les boissons de leur récolte; s'ils vendaient des boissons d'achat, ils feraient un véritable commerce qui les rendrait sujets à la déclaration et à la licence de marchands en gros ou débitans d'achats, selon la force de leur commerce.

Les propriétaires qui désirent vendre en gros, quelle que soit la quantité, sont tenus de se faire délivrer un acquit-à-caution, si c'est à la destination d'un débitant ou marchand en gros, dont le prix n'est que de 25 cent. l'expédition: si c'est à la destination d'un consommateur, il y a un droit de circulation par classe de départemens, suivant le tarif.

Lorsqu'ils expédieront eux-mêmes du vin hors de leur département ou hors des départemens limitrophes, ils seront tenus de prendre un congé du Registre n.° 1, ou un acquit-à-caution. Dans le premier cas, il leur serait perçu un droit de circulation selon le tarif susdit, et, dans le second, 25 cent. seulement.

Ils auront à remplir les mêmes formalités quand ils vendront du vin à un simple consommateur, quand bien même ce serait dans le même arrondissement: en observant encore que ce sera pour les quantités expédiées au-dessus de l'hectolitre, pour des vins en cercles, et 25 litres et au-dessus pour les vins en bouteilles; que lorsque l'expédition sera au-dessous des quantités fixées ci-dessus, il leur sera délivré, un congé du Registre n.° 4, ou le droit de détail sera perçu en remplacement de celui de circulation.

Le propriétaire qui veut faire enlever du lieu où sa récolte a été déposée, dans une autre de ses caves ou celliers, situé dans l'étendue du même département, et, hors du département, dans l'arrondissement ou dans les arrondissemens limitrophes de celui où la récolte aura été faite, ainsi que pour les transports qui auront lieu, dans les mêmes limites, des caves d'un colon partiaire ou fermier, ou du pressoir chez le propriétaire, quelle que soit la quantité, se fera délivrer un passavant du Registre n.° 3, dont le droit ne s'élèvera qu'à 25 cent. seulement.

Pour jouir de cette franchise et obtenir un passavant, le propriétaire doit, dans tous les cas, justifier que les boissons proviennent de son cru, et qu'il jouit, à titre de propriétaire ou de locataire, des lieux où il veut les transporter: il doit en outre, lorsqu'il s'agit de boissons remises par un colon partiaire ou fermier, fournir la preuve qu'il a droit à ce partage.

CHAPITRE II.

De l'introduction du vin dans un lieu sujet aux droits d'entrée.

Le propriétaire qui désirera jouir de la faculté de l'entrepôt, devra faire une première introduction de 9 hectolitres au moins : il pourra ensuite, par ce moyen, faire entrer la quantité de vin qu'il jugera à propos au-dessus de 99 litres, quand il sera admis à jouir de ce bénéfice, sans qu'il puisse être tenu d'en acquitter de suite les droits

(article 31 de la loi du 28 avril 1816). La durée de l'entrepôt est illimitée (même article).

Le propriétaire aura le soin de faire au receveur-buraliste du lieu de l'enlèvement, avant ledit enlèvement, la déclaration juste du nombre d'hectolitres et litres qu'il veut faire enlever pour conduire à son entrepôt, afin d'éviter les désagrémens qui s'ensuivent en pareilles circonstances, lorsque les déclarations se trouvent inexactes.

Arrivé ensuite au bureau de l'octroi, on remettra aux employés dudit octroi l'expédition dont on sera porteur (articles 17 et 24 de la loi du 28 avril 1816) ; et ceux-ci procèdent à la reconnaissance du liquide, s'assurent s'il y a concordance entre la déclaration et l'expédition, délivrent ensuite une seconde expédition avec injonction de l'échanger, dans le délai de 24 heures, contre un bulletin d'entrepôt au bureau de la recette particulière, sous peine de payer le montant des droits.

Ceux des propriétaires qui ne voudront pas jouir de l'entrepôt payeront, à l'entrée des lieux, le montant des droits d'entrée et d'octroi : ils seront exempts de remplir cette dernière formalité.

Toutefois, si le vin dont les droits seraient déjà acquis, venait à se détériorer, il n'y a pas lieu de se faire faire de restitution, tandis que, jouissant de la faculté de l'entrepôt, ils pourraient réclamer une seconde expédition au même bureau de la recette particulière, pour se faire décharger leur compte ouvert de cette quantité, et pour le transporter dans une de ses caves, où il ne serait passible d'aucun droit, soit pour le destiner à la chaudière, ou pour être converti en vinaigre, ou pour être répandu sur le sol ; en supposant encore qu'ils perdraient le vin, ils ne perdraient pas du moins le montant des droits.

Pour être sûrs de leurs déclarations, nos lecteurs voudront bien prendre la peine de voir, *page* 15, le tableau du rapport des veltes en hectolitres, litres et centilitres ; le tableau du rapport des baraux en veltes, hectolitres, litres et décilitres, *page* 19. Afin de se camper tout-à-fait, nous leur faisons encore l'analyse des nouvelles mesures de capacité, parce-que, tel qui ne connaît que la velte, sans connaître les règles pour la réduire en litres, est bien aise de trouver des comptes faits à ce sujet, ou les moyens de les établir lui-même; tel autre qui achète une quantité de baraux de vin, sans savoir à quoi cela correspond, y trouvera le même avantage : ils pourront l'un et l'autre se livrer à nos tableaux comparatifs avec toute la confiance possible.

Nous leur donnons encore des tarifs complets pour la perception des droits d'entrée et d'octroi, *pages* 23, 38 et 44, pour se rendre compte et leur servir de régulateur dans le montant des droits qu'ils auraient à payer à la régie ou à l'octroi, s'ils avaient à introduire telle quantité de vin quelconque.

CHAPITRE III.

De l'analyse des Mesures de capacité.

NOUVELLES MESURES.

Un kilolitre vaut 10 hectolitres.
Un hectolitre vaut 10 décalitres.
Un décalitre vaut 10 litres.
Un litre vaut 10 décilitres.
Un décilitre vaut 10 centilitres.

MESURES ANCIENNES.

Le muid vaut 15 baraux de Saint-Gilles (1).
Le baral vaut 6 veltes.
Le muid vaut 90 veltes.
La velte vaut 7 litres 6 décilitres ou 76 décilitres, nouvelle mesure.

---

(1) *Nota.* Saint-Gilles est le lieu où l'on est le plus dans l'usage de se servir du baral : sa capacité est moindre de celui de Nismes, de 11 litres 4 décilitres.

RAPPORT DES ANCIENNES MESURES EN MESURES NOUVELLES.

Le muid vaut 684 litres.

Le baral vaut 45 litres 6 décilitres ou 456 décilitres.

La velte vaut 7 litres 6 décilitres ou 76 décilitres.

OBSERVATION SUR LA CONTENANCE DE LA VELTE.

D'après le tarif de l'entrepôt de Paris, 131 veltes $\frac{1}{3}$ font près d'un kilolitre ou 1,000 litres ; le kilolitre fait un mètre cube, ce qui donne alors à la velte 7 litres 61 centilitres, c'est-à-dire, 684 litres 90 centilitres au muid ; mais comme, par suite du déchet qui s'opère par le transport ou autrement, le propriétaire se croirait fort heureux s'il en recevait toujours seulement 684 litres au muid, donc, pour obvier un peu à cela et faire tomber juste le muid sans fraction, nous ne la comptons que pour 76 décilitres, ce qui ne fait que 9 décilitres par muid de moins.

MANIÈRE D'APPRENDRE A NOMBRER LES NOUVELLES MESURES DE CAPACITÉ.

EXEMPLE.

Kilolitre . .	Hectolitres.	Décalitres .	Litres. . . .	Décilitres .	Centilitres.
1	2,	3	4,	5	6

Ayant rangé dans l'ordre qu'il faut les six figures ci-dessus, pour connaître ensuite leurs valeurs, nous plaçons une virgule après les hectolitres, attendu qu'on est dans l'usage de compter par hectolitres, c'est-à-dire, par centaines de litres et non par kilolitre ; un autre virgule après les litres, parce que le litre est l'unité des nouvelles mesures (même observation que ci-dessus pour les décalitres). Quant aux décilitres et centilitres, ce ne sont que des fractions de litres, qui ne doivent figurer que lorsqu'il s'agit de confectionner un nombre de litres quelconque. Or, l'exemple ci-dessus nous donne 12 hectolitres 35 litres, en forçant la fraction 56 à l'entier, comme on le pratique en matière de contributions indirectes.

Pour donner encore une juste idée de la valeur des nombres décimaux, je place ci-après un exemple de la valeur du muid, ancienne mesure, en litres : l'on y voit clairement ce que vaut l'hectolitre, le décalitre et le litre, et que ces nouvelles mesures vont toujours dans un ordre descendant ou ascendant de dix fois leur valeur.

	Hectolitres	Décalitres.	Litres . . .	
Le muid vaut	6	8	4	litres.

Or, au lieu de dire 6 hectolitres 8 décalitres et 4 litres, on dira 6 hectolitres 84 litres ou 684 litres.

Ayant assez fait connaitre la valeur des nombres entiers, nous allons traiter sur des nombres entiers et fractions.

On observera que, toutes les fois qu'il s'agira de faire une division par entier et fraction, ou par fraction de litres seulement, on doit commencer toujours par réduire tous les nombres à même dénomination.

RÉDUCTION DES VELTES EN LITRES.

EXEMPLE.

A multiplier	9 0	veltes contenues dans le muid,
Par	7 6	décilitres contenus dans la velte :
	5 4 0	
	6 3 0	
Produit.	6 8 4, 0	(Voir la preuve au tableau, *pag.* 15).

(6 : hectolitres. 8 : décalitres. 4 : litres. 0 : décilitres.)

Solution. Ayant multiplié 90 veltes, produit d'un muid, par 76 décilitres contenus dans une velte (c'est-à-dire, 7 litres 6 décilitres), pour première réduction ou rapport qu'il y a du muid en litres, le produit de notre multiplication est de 6840 décilitres, qui, en retranchant la dernière figure décilitres, se réduit à 684 litres contenus dans le muid, comme le veut la question.

Il en est de même de cette manière de multiplier les mesures de capacité, comme de celles des nombres décimaux ; que, toutes les fois qu'une multiplication quelconque sera composée d'une, de deux, de trois ou de quatre fractions de litres, il faudra en retrancher autant de figures du produit qu'il y en aura au multiplicande et au multiplicateur de la susdite multiplication ; ainsi, le multiplicateur de la multiplication ci-contre n'étant composé que de 7 litres, qui sont sept unités, de 6 décilitres, qui ne représentent qu'une fraction de $\frac{6}{10}$ de litres, et son muliplicande étant tout de nombres entiers, il n'y a donc lieu de retrancher qu'une seule figure du produit de ladite multiplication, comme on le voit dans l'opération précédente.

AUTRE EXEMPLE PRIS ENCORE DANS LE MÊME TABLEAU, *page* 15.

Supposons qu'un individu veuille réduire encore 1500 veltes en litres, et qu'il ne connaisse pas cette manière d'opérer, il commencera par poser le nombre de veltes qu'il aura à réduire au multiplicande de sa multiplication, et le rapport qu'il y a de la velte en litres au multiplicateur de sadite multiplication, et procèdera comme ci-après : il aura un produit de 114 hectolitres o litre, comme le veut la question.

Opération.

A multiplier	1500	veltes,
par	76	décilitres :
	9000	
	10500	
Produit. . . .	11400|0	

Ayant opéré de la manière que nous avons démontré ci-dessus, il est venu au produit de la multiplication 114 hectolitres o litre, pour résultat de la question proposée.

AUTRE EXEMPLE PLUS COMPLIQUÉ.

Supposons encore qu'on veuille réduire 3150 veltes en litres, on procèdera comme ci-dessus, attendu que le nombre ne fait rien à la manière d'opérer.

Opération.

A multiplier 3150 veltes
par 76

18 900
220 50

239,40|0

Pour preuve de ce que nous venons de démontrer, admettons maintenant qu'un individu ait vendu 239 hect. 40 litres de vin, au prix de 80 fr. le muid. Pour savoir le nombre de muids qu'il a dans ses 239 hect. 40 litres, il aura à diviser ce dernier nombre par 684 litres contenus dans le muid, et le quotient de la division lui donnera le nombre des muids cherchés.

EXEMPLE.

A diviser 23940 | 684
3420 35 muids.
000

Solution. Le quotient de notre division nous donne 35 muids; or, pour savoir quelle est la somme qu'on doit nous payer, nous allons multiplier 35 muids par 80 fr., et le produit de cette multiplication sera la somme demandée.

Opération.

Multipliez 35 muids
par 80 fr.

2,800 fr.

Le produit de la multiplication est de 2,800 fr., que l'acheteur doit compter pour prix des 35 muids à lui vendus.

AUTRE EXEMPLE.

Un propriétaire vend un muid de vin à 95 centimes la velte : à combien se monte le muid?

Opération.

A multiplier 90 veltes
par 95 centimes :

	4 50
	81 0
Produit.	85,50

Réponse. Le muid de vin, à 95 cent. la velte, se monte à 85 fr. 50 cent.

AUTRE EXEMPLE.

Nous venons de donner le montant d'un muid de vin à 95 cent. la velte ; mais on désire savoir ce que reviendra le litre de vin, à 85 fr. 50 cent. le muid. Pour avoir le résultat de la question demandée, il faut diviser 85 fr. 50 cent. par 684 litres contenus dans le muid : le quotient de la division donnera la réponse.

Toutes les fois que le muid de vin sera à un prix où il n'y aura que des francs et point de centimes, il faudra ajouter deux zéros pour y tenir lieu de centimes (c'est ce qu'on appelle réduire les francs en centimes). Nous ne faisons faire cette remarque qu'aux personnes seulement qui ne connaissent pas bien le calcul : quant à celles qui le connaissent, elles voudront bien nous la laisser passer sans critique.

Opération.

A diviser 8550/684
1710 12 c. et $\frac{342}{684}$ ou 12 c. $\frac{1}{2}$
342

Preuve.

A multiplier 684 litres par 12 c. $\frac{1}{2}$ le litre.

Opération.

	684
	12 $\frac{1}{2}$
	1368
	684
	342
Produit.	85,50

Le produit de notre multiplication est de 85 fr. 50 c., montant du muid de vin proposé, dont la règle a été bien faite.

Exemple sur la réduction ascendante, servant de preuve à la multiplication, page 12.

Pour achever de donner une idée complète de la manière de procéder dans toutes sortes d'opérations de cette nature, nous supposons encore qu'un individu sût le nombre de litres de vin qu'il a en magasin, et qu'il voulût savoir comment il pourra connaître le nombre de veltes contenues dans ledit vin.

On suppose avoir 23940 litres de vin, quelle est la manière d'opérer pour les réduire en veltes.

Nous avons dit plus haut que, toutes les fois qu'il s'agirait de réduire des nombres entiers en tel autre nombre où il y aurait des fractions, il faut réduire tout à même dénomination : or, je répète encore que, la velte étant composée de 7 litres 6 décilitres, c'est comme si nous disions elle contient 76 décilitres, que nous avons pour diviseur; voilà que la première réduction est faite : quant à la seconde, il faut ajouter un zéro à 23940 litres, et nous aurons conséquemment 239400 décilitres pour dividende et deuxième réduction de notre division.

Opération.

Dividende.	239400	76 diviseur.
	114	3150 quotient.
	380	
	000	

Solution. Le quotient de notre division nous donne pour réponse 3150 veltes, contenues dans les 23,940 litres proposés.

Par une autre opération, nous allons prouver encore que tous les rapports que nous donnons sont exacts : en divisant 3150 veltes, divisées par 90, valeur d'un muid en velte, nous aurons encore la réponse du nombre des muids cherchés au quotient de notre division.

Opération.

A diviser. 3150 | 90
450 35 muids pour réponse.
00

RAPPORT *des veltes en hectolitres, litres, décilitres et centilitres.*

VELTES.	LITRES.	CENTILITRES.	VELTES.	LITRES.	CENTILITRES.	VELTES.	LITRES.	CENTILITRES.	VELTES.	LITRES.	CENTILITRES.
1/4	»	190	24	182	40	50	380	00	76	577	60
1/2	»	380	25	190	00	51	387	60	77	585	20
3/4	»	570	26	197	60	52	395	20	78	592	80
1	7	60	27	205	20	53	402	80	79	600	40
2	15	20	28	212	80	54	410	40	80	608	00
3	22	80	29	220	40	55	418	00	81	615	60
4	30	40	30	228	00	56	425	60	82	623	20
5	38	00	31	235	60	57	433	20	83	630	80
6	45	60	32	243	20	58	440	80	84	638	40
7	53	20	33	250	80	59	448	40	85	646	00
8	60	80	34	258	40	60	456	00	86	653	60
9	68	40	35	266	00	61	463	60	87	661	20
10	76	00	36	273	60	62	471	20	88	668	80
11	83	60	37	281	20	63	478	80	89	676	40
12	91	20	38	288	80	64	486	40	90	684	00
13	98	80	39	296	40	65	494	00	91	691	60
14	106	40	40	304	00	66	501	60	92	699	20
15	114	00	41	311	60	67	509	20	93	706	80
16	121	60	42	319	20	68	516	80	94	714	40
17	129	20	43	326	80	69	524	40	95	722	00
18	136	80	44	334	40	70	532	00	96	729	60
19	144	40	45	342	00	71	539	60	97	737	20
20	152	00	46	349	60	72	547	20	98	744	80
21	159	60	47	357	20	73	554	80	99	752	40
22	167	20	48	364	80	74	562	40	100	760	00
23	174	80	49	372	40	75	570	00	105	798	00

Veltes.	Hectolitres.	Litres.	Décilitres.	Veltes.	Hectolitres.	Litres.	Décilitres.	Veltes.	Hectolitres.	Litres.	Décilitres.
110	8	36	0	260	19	76	0	410	31	16	0
115	8	74	0	265	20	14	0	415	31	54	0
120	9	12	0	270	20	52	0	420	31	92	0
125	9	50	0	275	20	90	0	425	32	30	0
130	9	88	0	280	21	28	0	430	32	68	0
135	10	26	0	285	21	66	0	435	33	06	0
140	10	64	0	290	22	04	0	440	33	44	0
145	11	02	0	295	22	42	0	445	33	82	0
150	11	40	0	300	22	80	0	450	34	20	0
155	11	78	0	305	23	18	0	455	34	58	0
160	12	16	0	310	23	56	0	460	34	96	0
165	12	54	0	315	23	94	0	465	35	34	0
170	12	92	0	320	24	32	0	470	35	72	0
175	13	30	0	325	24	70	0	475	36	10	0
180	13	68	0	330	25	08	0	480	36	48	0
185	14	06	0	335	25	46	0	485	36	86	0
190	14	44	0	340	25	84	0	490	37	24	0
195	14	82	0	345	26	22	0	495	37	62	0
200	15	20	0	350	26	60	0	500	38	00	0
205	15	58	0	355	26	98	0	600	45	60	0
210	15	96	0	360	27	36	0	700	53	20	0
215	16	34	0	365	27	74	0	800	60	80	0
220	16	72	0	370	28	12	0	900	68	40	0
225	17	10	0	375	28	50	0	1000	76	00	0
230	17	48	0	380	28	88	0	1100	83	60	0
235	17	86	0	385	29	25	0	1200	91	20	0
240	18	24	0	390	29	64	0	1300	98	80	0
245	18	62	0	395	30	02	0	1400	106	40	0
250	19	00	0	400	30	40	0	1500	114	00	0
255	19	38	0	405	30	78	0	1600	121	60	0

Ayant traité assez amplement sur la réduction de la velte en litres, il nous reste à dire donc un mot sur le rapport du baral de Saint-Gilles en litres.

Nous supposons qu'un individu ait acheté un muid de vin

à Saint-Gilles, qui lui a coûté 6 fr. le baral, combien doit-il payer pour le montant dudit muid proposé?

EXEMPLE.

A Multiplier	15	baraux contenus dans le muid,
par	6	fr. le baral.
Produit.	90	fr.

Solution. L'opération faite, le résultat de la demande est 90 fr. que doit payer l'acheteur d'un muid de vin acheté à 6 fr. le baral.

La preuve de l'opération ci-dessus se trouve à la page ci-derrière.

AUTRES EXEMPLES DE MULTIPLICATION DEVANT SERVIR DE PREUVE A L'EXEMPLE PRÉCÉDENT.

Nous répétons encore ce que nous avons dit plus haut, que le baral contient 45 litres 6 décilitres. Or, nous désirons savoir, si le vin, qu'on a payé 90 fr. le muid, ne l'est pas trop à raison de 6 fr. le baral.

Nous allons le prouver par les deux opérations suivantes, afin de donner plus d'étendue à nos démonstrations.

Admettons que le propriétaire qui a acheté le vin, veuille savoir maintenant ce que lui coûte le litre de vin, à raison de 6 fr. le baral ou à 90 fr. le muid.

Pour cela faire, il faut diviser 6 fr. par 456 décilitres, contenus dans le baral; mais, comme 6 ne peut être divisé par 456, il faut alors ajouter à 6 fr. trois zéros, et l'on aura un produit de 6,000 millièmes de centimes à diviser par les 456 décilitres susdits. Le quotient de la division donnera la valeur du litre à 6 fr. le baral.

Opération.

A diviser	6000	456
	1440	13 cent. $\frac{72}{456}$ ou 13 cent. $\frac{1}{19}$.
	072	

Le quotient donne pour prix cherché 13 cent. $\frac{1}{19}$ le litre.

On demandera peut-être pourquoi ajouter trois zéros à 6 fr., tandis que, pour les réduire en centimes, il ne faut en ajouter que deux. Mais ici qu'il s'agit de réduire 6 fr. en centimes, plus à même dénomination, alors il faut en mettre trois. Cette dernière réduction provient de ce que le diviseur est composé de plus que de litres.

Pour dernier exemple, nous allons multiplier 684 litres contenus dans le muid, par 13 centimes $\frac{1}{19}$ de centimes, valeur du litre de vin à 6 fr. le baral.

Le produit de cette multiplication nous donnera juste la somme de 90 fr., valeur du muid proposé.

Opération.

			Multiplier	684
			par	13 $\frac{1}{19}$
Le 19ᵉ de 684 est	36			20 52
pour	3/19			68 4
	108	à ajouter		1 08
				90,00

Cette dernière opération nous prouve que les deux précédentes ont été bien faites.

TABLEAU *du rapport du baral de Saint-Gilles en veltes, hectolitres, litres et décilitres.*

BARAUX.	VELTES.	HECTOLITRES.	LITRES.	DÉCILITRES.	BARAUX.	VELTES.	HECTOLITRES.	LITRES.	DÉCILITRES.	BARAUX.	VELTES.	HECTOLITRES.	LITRES.	DÉCILITRES.
1	6	»	45	6	35	210	15	96	0	69	414	31	46	4
2	12	»	91	2	36	216	16	41	6	70	420	31	92	0
3	18	1	36	8	37	222	16	87	2	71	426	32	37	6
4	24	1	82	4	38	228	17	32	8	72	432	32	83	2
5	30	2	28	0	39	234	17	78	4	73	438	33	28	8
6	36	2	73	6	40	240	18	24	0	74	444	33	74	4
7	42	3	19	2	41	246	18	69	6	75	450	34	20	0
8	48	3	64	8	42	251	19	15	2	76	456	34	65	6
9	54	4	10	4	43	258	19	60	8	77	462	35	11	2
10	60	4	56	0	44	264	20	06	4	78	468	35	56	8
11	66	5	01	6	45	270	20	52	0	79	474	36	02	4
12	72	5	47	2	46	276	20	97	6	80	480	36	48	0
13	78	6	92	8	47	282	21	43	2	81	486	36	93	6
14	84	6	38	4	48	288	21	88	8	82	492	37	39	2
15	90	6	84	0	49	294	22	34	4	83	498	37	84	8
16	96	7	29	6	50	300	22	80	0	84	504	38	30	4
17	102	7	75	2	51	306	23	25	6	85	510	38	76	0
18	108	8	20	8	52	312	23	71	2	86	516	39	21	6
19	114	8	66	4	53	318	24	16	8	87	522	39	67	2
20	120	9	12	0	54	324	24	62	4	88	528	40	12	8
21	126	9	57	6	55	330	25	08	0	89	534	40	58	4
22	132	10	03	2	56	336	25	53	6	90	540	41	04	0
23	138	10	48	8	57	342	25	99	2	91	546	41	49	6
24	144	10	94	4	58	348	26	44	8	92	552	41	95	2
25	150	11	40	0	59	354	26	90	4	93	558	42	40	8
26	156	11	85	6	60	360	27	36	0	94	564	42	86	4
27	162	12	31	2	61	366	27	81	6	95	570	43	32	0
28	168	12	76	8	62	372	28	27	2	96	576	43	77	6
29	174	13	22	4	63	378	28	72	8	97	582	44	23	2
30	180	13	68	0	64	384	29	18	4	98	588	44	68	8
31	186	14	13	6	65	390	29	64	0	99	594	45	14	4
32	192	14	59	2	66	396	30	09	6	100	600	45	60	0
33	198	15	04	8	67	402	30	55	2	200	1200	91	20	0
34	204	15	50	4	68	408	31	00	8	300	1800	136	80	0

CUBAGE DES PIÈCES AU MOYEN DE LA VELTE LONGUE, OU LA MANIÈRE D'APPRENDRE A JAUGER.

Quoique le cube soit du ressort de la géométrie, nous devons dire cependant quelque chose de ce qui est relatif aux préceptes que nous donnons, parce que, jauger une pièce, c'est, à proprement parler, la cuber : de sorte qu'on se sert d'un instrument que nous appelons *velte longue* ou *jauge*, au moyen duquel on reconnaît la contenance à peu près réelle d'un tonneau. Je dis à peu près réelle, puisque les tonneliers les plus experts dans cette partie conviennent que le hasard peut seul produire d'en construire une qui soit juste, mais cependant qu'on peut avec facilité se rapprocher de cinq litres de la vraie contenance : n'importe cette légère difficulté, l'invention de la jauge est belle et utile dans mille circonstances différentes.

Or, quiconque voudra jauger un tonneau doit y introduire la jauge jusqu'à ce qu'elle touche le fond, en observant qu'elle ne soit pas placée dans un sens oblique, ce qui lui donnerait une contenance moindre de ce qu'il contient directement. La jauge étant donc placée dans un point direct, on l'appuyera contre la douve (*douelle*) afin que, faisant descendre la coulisse de la jauge, elle soit retenue par la même douve à l'extrémité de la bonde : alors on la retirera un peu en dehors sans la déranger, pour voir le chiffre qu'elle désigne. Cette opération sera répétée successivement aux deux côtés du tonneau, parce qu'il arrive quelquefois que la pièce n'est pas bien percée au milieu (1) ; ensuite on posera les deux nombres trouvés, comme on le verra dans l'exemple suivant :

Addition.

Première opération	45
Deuxième opération	46
Total.	91

La moitié est $4^{h},55^{l}$ pour la contenance de la pièce.

---

(1) Sans cela une seule opération suffirait.

Ayant posé nos deux nombres trouvés, nous en avons fait l'addition, qui nous a donné pour produit 91, dont il faut prendre la moitié pour avoir la contenance demandée du tonneau. La moitié de 91 est 4 hectolitres 55 litres que contient la susdite pièce.

Supposons maintenant que nous ayons quatre pièces à jauger, nous allons opérer de la même manière que ci-contre, et la moitié du produit de l'addition des huit nombres trouvés sera 16 hectolitres 50 litres pour résultat de la question proposée.

EXEMPLE.

1.re pièce.	45 44
2.me *idem.*	40 40
3.me *idem.*	39 40
4.me *idem.*	41 41
Total.	330
La moitié est.	16 hecto. 50 litres pour la contenance des quatre pièces.

CHAPITRE IV.

Du Débitant d'achat.

Les débitans ne peuvent, d'après la loi, s'approvisionner en quantité inférieure à l'hectolitre en cercles, et à 25 litres en bouteilles, sans autorisation; et cette autorisation ne s'accorde ordinairement qu'aux abonnés qui s'approvisionnent chez d'autres débitans. La faculté qu'ils ont de recevoir des boissons en caisse de 25 bouteilles et au-dessus, n'est relative qu'aux enlèvemens faits chez les marchands en gros et chez les propriétaires récoltans.

Quelle que soit la quantité de vin qu'achète le débitant, il est tenu de prendre un acquit-à-caution dont le coût n'est que de 25 cent., lequel acquit-à-caution devra être représenté à l'entrée de la ville aux employés de l'octroi, afin que ces derniers s'assurent si la contenance portée sur le présent acquit-à-caution, concorde avec le chargement, et pour en percevoir ensuite les droits d'entrée et d'octroi, à moins que le débitant n'ait aussi la qualité de marchand en gros; mais ce n'est pas de ceux-là dont il s'agit ici, il n'est question seulement que des débitans d'achat.

Il a aussi à se conformer, comme le propriétaire, à l'art. 26 de la loi du 28 avril 1816, qui prescrit que toutes les introductions de boissons dans les lieux sujets aux droits d'entrée, se feront dans les intervalles de temps ci-après déterminés, savoir :

Pendant les mois de janvier, février, novembre et décembre, depuis sept heures du matin jusqu'à six heures du soir;

Pendant les mois de mars, avril, septembre et octobre, depuis six heures du matin jusqu'à sept heures du soir;

Pendant les mois de mai, juin, juillet et août, depuis cinq heures du matin jusqu'à huit heures du soir.

Les débitans et les propriétaires-entrepositaires de vin, qui voudront s'assurer si les employés ont bien établi la perception sur leurs quittances, ou qui désireront savoir ce qu'ils auraient à payer pour telle introduction quelconque, regarderont le tarif (ou barême) ci-après. La 1.re colonne indique le nombre d'hectolitres et litres introduits; les 2.me, 3.me et 4.me désignent les droits à percevoir par parcelle; et la 5.me, le total de ce qu'ils ont à payer, en observant qu'il y a toujours 10 cent. pour droit de timbre pour chaque quittance qu'on délivre, quand même elle ne serait que pour un litre.

TARIF des droits d'entrée à percevoir sur les vins en cercles, d'après la nouvelle circulaire n.° 18, en date du 9 décembre 1830.

	fr.	cent.	
Droit principal.	2	10	3 fr. 61 cent. par hecto.
Décime . . .	»	21	
Droit d'octroi .	1	30	

Le droit d'octroi imposé sur le vin introduit tant en cercles qu'en bouteilles, n'ayant souffert aucune diminution, nous oblige à donner un autre tarif pour le vin en bouteilles, *p.* 38.

TARIF *pour la perception des droits d'entrée et d'octroi, sur les vins en cercles, d'après la nouvelle réduction.*

NOMBRE d'hect. 1.		DROIT principal 2.		DÉCIME. 3.		DROIT d'octroi. 4.		TOTAL général. 5.		*Observations.* 6
h.	l.	f.	c.	f.	c.	f.	c.	f.	c.	
»	01	»	03	»	01	»	02	»	06	Plus 10 c.mes pour timbre.
»	02	»	05	»	01	»	03	»	09	
»	03	»	07	»	01	»	04	»	12	
»	04	»	09	»	01	»	06	»	16	
»	05	»	11	»	02	»	07	»	20	
»	10	»	21	»	03	»	13	»	37	
»	15	»	32	»	04	»	20	»	56	
»	20	»	42	»	05	»	26	»	73	
»	25	»	53	»	06	»	33	»	92	
»	30	»	63	»	07	»	39	1	09	
»	35	»	74	»	08	»	46	1	28	
»	40	»	84	»	09	»	52	1	45	
»	45	»	95	»	10	»	59	1	64	
»	50	1	05	»	11	»	65	1	81	
»	55	1	16	»	12	»	72	2	00	
»	60	1	26	»	13	»	78	2	17	
»	65	1	37	»	14	»	85	2	36	
»	70	1	47	»	15	»	91	2	53	
»	75	1	58	»	16	»	98	2	72	
»	80	1	68	»	17	1	04	2	89	
»	85	1	79	»	18	1	11	3	08	
»	90	1	89	»	19	1	18	3	26	
»	95	2	00	»	20	1	24	3	44	
1	00	2	10	»	21	1	30	3	61	
1	05	2	21	»	23	1	37	3	81	
1	10	2	31	»	24	1	43	3	98	
1	15	2	42	»	25	1	50	4	17	
1	20	2	52	»	26	1	56	4	34	
1	25	2	63	»	27	1	63	4	53	
1	30	2	73	»	28	1	69	4	70	
1	35	2	84	»	29	1	76	4	89	
1	40	2	94	»	30	1	82	5	06	
1	45	3	05	»	31	1	89	5	25	

NOMBRE d'hect. 1.		DROIT principal 2		DÉCIME. 3		DROIT d'octroi. 4		TOTAL général. 5		Observations. 6
h.	l.	f.	c.	.	c.	f.	c.	f.	c.	
1	50	3	15	»	32	1	95	5	42	Plus 10 c.mes pour timbre.
1	55	3	26	»	33	2	02	5	61	
1	60	3	36	»	34	2	08	5	78	
1	65	3	47	»	35	2	15	5	97	
1	70	3	57	»	36	2	21	6	14	
1	75	3	68	»	37	2	28	6	33	
1	80	3	78	»	38	2	34	6	50	
1	85	3	89	»	39	2	41	6	69	
1	90	3	99	»	40	2	47	6	86	
1	95	4	10	»	41	2	54	7	05	
2	00	4	20	»	42	2	60	7	22	
2	05	4	31	»	44	2	67	7	42	
2	10	4	41	»	45	2	73	7	59	
2	15	4	52	»	46	2	80	7	78	
2	20	4	62	»	47	2	86	7	95	
2	25	4	73	»	48	2	93	8	14	
2	30	4	83	»	49	2	99	8	31	
2	35	4	94	»	50	3	06	8	50	
2	40	5	04	»	51	3	12	8	67	
2	45	5	15	»	52	3	19	8	86	
2	50	5	25	»	53	3	25	9	03	
2	55	5	36	»	54	3	32	9	22	
2	60	5	46	»	55	3	38	9	39	
2	65	5	57	»	56	3	45	9	58	
2	70	5	67	»	57	3	51	9	75	
2	75	5	78	»	58	3	58	9	94	
2	80	5	88	»	59	3	64	10	11	
2	85	5	99	»	60	3	71	10	30	
2	90	6	09	»	61	3	77	10	47	
2	95	6	20	»	62	3	84	10	66	
3	00	6	30	»	63	3	90	10	83	
3	05	6	41	»	65	3	97	11	03	
3	10	6	51	»	66	4	03	11	20	
3	15	6	62	»	67	4	10	11	39	
3	20	6	72	»	68	4	16	11	56	
3	25	6	83	»	69	4	23	11	75	
3	30	6	93	»	70	4	29	11	92	
3	35	7	04	»	71	4	36	12	11	
3	40	7	14	»	72	4	42	12	28	
3	45	7	25	»	73	4	49	12	47	
3	50	7	35	»	74	4	55	12	64	

Nombre d'hect. 1.		Droit principal 2.		Décime. 3.		Droit d'octroi. 4.		Total général. 5.		Observations. 6.
h.	l.	f.	c.	f.	c.	f.	c.	f.	c.	
3	55	7	46	»	75	4	62	12	83	Plus 10 c.mes pour timbre.
3	60	7	56	»	76	4	68	13	00	
3	65	7	67	»	77	4	75	13	19	
3	70	7	77	»	78	4	81	13	36	
3	75	7	88	»	79	4	88	13	55	
3	80	7	98	»	80	4	94	13	72	
3	85	8	09	»	81	5	01	13	91	
3	90	8	19	»	82	5	07	14	08	
3	95	8	30	»	83	5	14	14	27	
4	00	8	40	»	84	5	20	14	44	
4	05	8	51	»	86	5	27	14	64	
4	10	8	61	»	87	5	33	14	81	
4	15	8	72	»	88	5	40	15	00	
4	20	8	82	»	89	5	46	15	17	
4	25	8	93	»	90	5	53	15	36	
4	30	9	03	»	91	5	59	15	53	
4	35	9	14	»	92	5	66	15	72	
4	40	9	24	»	93	5	72	15	89	
4	45	9	35	»	94	5	79	16	08	
4	50	9	45	»	95	5	85	16	25	
4	55	9	56	»	96	5	92	16	44	
4	60	9	66	»	97	5	98	16	61	
4	65	9	77	»	98	6	05	16	80	
4	70	9	87	»	99	6	11	16	97	
4	75	9	98	1	00	6	18	17	16	
4	80	10	08	1	01	6	24	17	33	
4	85	10	19	1	02	6	31	17	52	
4	90	10	29	1	03	6	37	17	69	
4	95	10	40	1	04	6	44	17	88	
5	00	10	50	1	05	6	50	18	05	
5	05	10	61	1	07	6	57	18	25	
5	10	10	71	1	08	6	63	18	42	
5	15	10	82	1	09	6	70	18	61	
5	20	10	92	1	10	6	76	18	78	
5	25	11	03	1	11	6	83	18	97	
5	30	11	13	1	12	6	89	19	14	
5	35	11	24	1	13	6	96	19	33	
5	40	11	34	1	14	7	02	19	50	
5	45	11	45	1	15	7	09	19	69	
5	50	11	55	1	16	7	15	19	86	
5	55	11	66	1	17	7	22	20	05	

Nombre d'hect. 1.		Droit principal 2.		Décime. 3.		Droit d'octroi. 4.		Total général. 5.		Observations. 6.
h.	l.	f.	c.	f.	c.	f.	c.	f.	c.	
5	60	11	76	1	18	7	28	20	22	Plus 10 c.mes pour timbre.
5	65	11	87	1	19	7	35	20	41	
5	70	11	97	1	20	7	41	20	58	
5	75	12	08	1	21	7	48	20	77	
5	80	12	18	1	22	7	54	20	94	
5	85	12	29	1	23	7	61	21	13	
5	90	12	39	1	24	7	67	21	30	
5	95	12	50	1	25	7	74	21	49	
6	00	12	60	1	26	7	80	21	66	
6	05	12	71	1	28	7	87	21	86	
6	10	12	81	1	29	7	93	22	03	
6	15	12	92	1	30	8	00	22	22	
6	20	13	02	1	31	8	06	22	39	
6	25	13	13	1	32	8	13	22	58	
6	30	13	23	1	33	8	19	22	75	
6	35	13	34	1	34	8	26	22	94	
6	40	13	44	1	35	8	32	23	11	
6	45	13	55	1	36	8	39	23	30	
6	50	13	65	1	37	8	45	23	47	
6	55	13	76	1	38	8	52	23	66	
6	60	13	86	1	39	8	56	23	83	
6	65	13	97	1	40	8	65	24	02	
6	70	14	07	1	41	8	71	24	19	
6	75	14	18	1	42	8	78	24	38	
6	80	14	28	1	43	8	84	24	55	
6	85	14	39	1	44	8	91	24	74	
6	90	14	49	1	45	8	97	24	91	
6	95	14	60	1	46	9	04	25	10	
7	00	14	70	1	47	9	10	25	27	
7	05	14	81	1	49	9	17	25	47	
7	10	14	91	1	50	9	23	25	64	
7	15	15	02	1	51	9	30	25	83	
7	20	15	12	1	52	9	36	26	00	
7	25	15	23	1	53	9	43	26	19	
7	30	15	33	1	54	9	49	26	36	
7	35	15	44	1	55	9	56	26	55	
7	40	15	54	1	56	9	62	26	72	
7	45	15	65	1	57	9	69	26	91	
7	50	15	75	1	58	9	75	27	08	
7	55	15	86	1	59	9	82	27	27	
7	60	15	96	1	60	9	88	27	44	

NOMBRE d'hect. 1.		DROIT principal 2.		DÉCIME. 3.		DROIT d'octroi. 4.		TOTAL général. 5.		Observations. 6.
h.	l.	f.	c.	f.	c.	f.	c.	f.	c.	
7	65	16	07	1	61	9	95	27	63	Plus 10 c.mes pour timbre.
7	70	16	17	1	62	10	01	27	80	
7	75	16	28	1	63	10	08	27	99	
7	80	16	38	1	64	10	14	28	16	
7	85	16	49	1	65	10	21	28	35	
7	90	16	59	1	66	10	27	28	52	
7	95	16	70	1	67	10	34	28	71	
8	00	16	80	1	68	10	40	28	88	
8	05	16	91	1	70	10	47	29	08	
8	10	17	01	1	71	10	53	29	25	
8	15	17	12	1	72	10	60	29	44	
8	20	17	22	1	73	10	66	29	61	
8	25	17	33	1	74	10	73	29	80	
8	30	17	43	1	75	10	79	29	97	
8	35	17	54	1	76	10	86	30	16	
8	40	17	64	1	77	10	92	30	33	
8	45	17	75	1	78	10	99	30	52	
8	50	17	85	1	79	11	05	30	69	
8	55	17	96	1	80	11	12	30	88	
8	60	18	06	1	81	11	18	31	05	
8	65	18	17	1	82	11	25	31	22	
8	70	18	27	1	83	11	31	31	41	
8	75	18	38	1	84	11	38	31	60	
8	80	18	48	1	85	11	44	31	77	
8	85	18	59	1	86	11	51	31	96	
8	90	18	69	1	87	11	57	32	13	
8	95	18	80	1	88	11	64	32	32	
9	00	18	90	1	89	11	70	32	49	
9	05	19	01	1	91	11	77	32	69	
9	10	19	11	1	92	11	83	32	86	
9	15	19	22	1	93	11	90	33	05	
9	20	19	32	1	94	11	96	33	22	
9	25	19	43	1	95	12	03	33	41	
9	30	19	53	1	96	12	09	33	58	
9	35	19	64	1	97	12	16	33	77	
9	40	19	74	1	98	12	22	33	94	
9	45	19	85	1	99	12	29	34	13	
9	50	19	95	2	00	12	35	34	30	
9	55	20	06	2	01	12	42	34	49	
9	60	20	16	2	02	12	48	34	66	
9	65	20	27	2	03	12	55	34	85	

Nombre d'hect. 1.		Droit principal 2.		Décime. 3.		Droit d'octroi. 4.		Total général. 5.		Observations. 6.
h.	l.	f.	c.	f.	c.	f.	c.	f.	c.	
9	70	20	37	2	04	12	61	35	02	Plus 10 c.^mes pour timbre.
9	75	20	48	2	05	12	68	35	21	
9	80	20	58	2	06	12	74	35	38	
9	85	20	69	2	07	12	81	35	57	
9	90	20	79	2	08	12	87	35	74	
9	95	20	90	2	09	12	94	35	93	
10	00	21	00	2	10	13	00	36	10	
10	05	21	11	2	12	13	07	36	30	
10	10	21	21	2	13	13	13	36	47	
10	15	21	32	2	14	13	20	36	66	
10	20	21	42	2	15	13	26	36	83	
10	25	21	53	2	16	13	33	37	02	
10	30	21	63	2	17	13	39	37	19	
10	35	21	74	2	18	13	46	37	38	
10	40	21	84	2	19	13	52	37	55	
10	45	21	95	2	20	13	59	37	74	
10	50	22	05	2	21	13	65	37	91	
10	55	22	16	2	22	13	72	38	10	
10	60	22	26	2	23	13	78	38	27	
10	65	22	37	2	24	13	85	38	46	
10	70	22	47	2	25	13	91	38	63	
10	75	22	58	2	26	13	98	38	82	
10	80	22	68	2	27	14	04	38	99	
10	85	22	79	2	28	14	11	39	18	
10	90	22	89	2	29	14	17	39	35	
10	95	23	00	2	30	14	24	39	54	
11	00	23	10	2	31	14	30	39	71	
11	05	23	21	2	33	14	37	39	91	
11	10	23	31	2	34	14	43	40	08	
11	15	23	42	2	35	14	50	40	27	
11	20	23	52	2	36	14	56	40	44	
11	25	23	63	2	37	14	63	40	63	
11	30	23	73	2	38	14	69	40	80	
11	35	28	84	2	39	14	76	40	99	
11	40	23	94	2	40	14	82	41	16	
11	45	24	05	2	41	14	89	41	35	
11	50	24	15	2	42	14	95	41	52	
11	55	24	26	2	43	15	02	41	71	
11	60	24	36	2	44	15	08	41	88	
11	65	24	47	2	45	15	15	42	07	
11	70	24	57	2	46	15	21	42	24	

Nombre d'hect. 1.		Droit principal 2.		Décime. 3.		Droit d'octroi. 4.		Total général. 5.		Observations. 6.
h.	l.	f.	c.	f.	c.	f.	c.	f.	c.	
11	75	24	68	2	47	15	28	42	43	Plus 10 c.mes pour timbre.
11	80	24	78	2	48	15	34	42	60	
11	85	24	89	2	49	15	41	42	79	
11	90	24	99	2	50	15	47	42	96	
11	95	25	10	2	51	15	54	43	15	
12	00	25	20	2	52	15	60	43	32	
12	05	25	31	2	54	15	67	43	52	
12	10	25	41	2	55	15	73	43	69	
12	15	25	52	2	56	15	80	43	88	
12	20	25	62	2	57	15	86	44	05	
12	25	25	73	2	58	15	93	44	24	
12	30	25	83	2	59	15	99	44	41	
12	35	25	94	2	60	16	06	44	60	
12	40	26	04	2	61	16	12	44	77	
12	45	26	15	2	62	16	19	44	96	
12	50	26	25	2	63	16	25	45	13	
12	55	26	36	2	64	16	32	45	32	
12	60	26	46	2	65	16	38	45	49	
12	65	26	57	2	66	16	45	45	68	
12	70	26	67	2	67	16	51	45	85	
12	75	26	78	2	68	16	58	46	04	
12	80	26	88	2	69	16	64	46	21	
12	85	26	99	2	70	16	71	46	40	
12	90	27	09	2	71	16	77	46	57	
12	95	27	20	2	72	16	84	46	76	
13	00	27	30	2	73	16	90	46	93	
13	05	27	41	2	75	16	97	47	13	
13	10	27	51	2	76	17	03	47	30	
13	15	27	62	2	77	17	10	47	49	
13	20	27	72	2	78	17	16	47	66	
13	25	27	83	2	79	17	23	47	85	
13	30	27	93	2	80	17	29	48	02	
13	35	28	04	2	81	17	36	48	21	
13	40	28	14	2	82	17	42	48	38	
13	45	28	25	2	83	17	49	48	57	
13	50	28	35	2	84	17	55	48	74	
13	55	28	46	2	85	17	62	48	93	
13	60	28	56	2	86	17	68	49	10	
13	65	28	67	2	87	17	75	49	29	
13	70	28	77	2	88	17	81	49	46	
13	75	28	88	2	89	17	88	49	65	

Nombre d'hect. 1.		Droit principal 2.		Décime. 3.		Droit d'octroi. 4.		Total général. 5.		Observations. 6.
h.	l.	f.	c.	f.	c.	f.	c.	f.	c.	
13	80	28	98	2	90	17	94	49	82	Plus 10 c.mes pour timbre.
13	85	29	09	2	91	18	01	50	01	
13	90	29	19	2	92	18	07	50	18	
13	95	29	30	2	93	18	14	50	37	
14	00	29	40	2	94	18	20	50	54	
14	05	29	51	2	96	18	27	50	74	
14	10	29	61	2	97	18	33	50	91	
14	15	29	72	2	98	18	40	51	10	
14	20	29	82	2	99	18	46	51	27	
14	25	29	93	3	00	18	53	51	46	
14	30	30	03	3	01	18	59	51	63	
14	35	30	14	3	02	18	66	51	82	
14	40	30	24	3	03	18	72	51	99	
14	45	30	35	3	04	18	79	52	18	
14	50	30	45	3	05	18	85	52	35	
14	55	30	56	3	06	18	92	52	54	
14	60	30	66	3	07	18	98	52	71	
14	65	30	77	3	08	19	05	52	90	
14	70	30	87	3	09	19	11	53	07	
14	75	30	98	3	10	19	18	53	26	
14	80	31	08	3	11	19	24	53	43	
14	85	31	19	3	12	19	31	53	62	
14	90	31	29	3	13	19	37	53	79	
14	95	31	40	3	14	19	44	53	98	
15	00	31	50	3	15	19	50	54	15	
15	05	31	61	3	17	19	57	54	35	
15	10	31	71	3	18	19	63	54	52	
15	15	31	82	3	19	19	70	54	71	
15	20	31	92	3	20	19	76	54	88	
15	25	32	03	3	21	19	83	55	07	
15	30	32	13	3	22	19	89	55	24	
15	35	32	24	3	23	19	96	55	43	
15	40	32	34	3	24	20	02	55	60	
15	45	32	45	3	25	20	09	55	79	
15	50	32	55	3	26	20	15	55	96	
15	55	32	66	5	27	20	22	56	15	
15	60	32	76	3	28	20	28	56	32	
15	65	32	87	3	29	20	35	56	51	
15	70	32	97	3	30	20	41	56	68	
15	75	33	08	3	31	20	48	56	87	
15	80	33	18	3	32	20	54	57	04	

NOMBRE d'hect. 1.		DROIT principal 2.		DÉCIME. 3.		DROIT d'octroi. 4.		TOTAL général. 5.		Observations. 6.
h.	l.	f.	c.	f.	c.	f.	c.	f.	c.	
15	85	33	29	3	33	20	61	57	23	Plus 10 c.mes pour timbre.
15	90	33	39	3	34	20	67	57	40	
15	95	33	50	3	35	20	74	57	59	
16	00	33	60	3	36	20	80	57	76	
16	05	33	71	3	38	20	87	57	96	
16	10	33	81	3	39	20	93	58	13	
16	15	33	92	3	40	21	00	58	32	
16	20	34	02	3	41	21	06	58	49	
16	25	34	13	3	42	21	13	58	68	
16	30	34	23	3	43	21	19	58	85	
16	35	34	34	3	44	21	26	59	04	
16	40	34	44	3	45	21	32	59	21	
16	45	34	55	3	46	21	39	59	40	
16	50	34	65	3	47	21	45	59	57	
16	55	34	76	3	48	21	52	59	76	
16	60	34	86	3	49	21	58	59	93	
16	65	34	97	3	50	21	65	60	12	
16	70	35	07	3	51	21	71	60	29	
16	75	35	18	3	52	21	78	60	48	
16	80	35	28	3	53	21	84	60	65	
16	85	35	39	3	54	21	91	60	84	
16	90	35	49	3	55	21	97	61	01	
16	95	35	60	3	56	22	04	61	20	
17	00	35	70	3	57	22	10	61	37	
17	05	35	81	3	59	22	17	61	57	
17	10	35	91	3	60	22	23	61	74	
17	15	36	02	3	61	22	30	61	93	
17	20	36	12	3	62	22	36	62	10	
17	25	36	23	3	63	22	43	62	29	
17	30	36	33	3	64	22	49	62	46	
17	35	36	44	3	65	22	56	62	65	
17	40	36	54	3	66	22	62	62	82	
17	45	36	65	3	67	22	69	63	01	
17	50	36	75	3	68	22	75	63	18	
17	55	36	86	3	69	22	82	63	37	
17	60	36	96	3	70	22	88	63	54	
17	65	37	07	3	71	22	95	63	73	
17	70	37	17	3	72	23	01	63	90	
17	75	37	28	3	73	23	08	64	09	
17	80	37	38	3	74	23	14	64	26	
17	85	37	49	3	75	23	21	64	45	

Nombre d'hect. 1.		Droit principal 2.		Décime. 3.		Droit d'octroi. 4.		Total général. 5.		Observations. 6.
h.	l.	f.	c.	f.	c.	f.	c.	f.	c.	
17	90	37	59	3	76	23	27	64	62	Plus 10 c.mes pour timbre.
17	95	37	70	3	77	23	34	64	81	
18	00	37	80	3	78	23	40	64	98	
18	05	37	91	3	80	23	47	65	18	
18	10	38	01	3	81	23	53	65	35	
18	15	38	12	3	82	23	60	65	54	
18	20	38	22	3	83	23	66	65	71	
18	25	38	33	3	84	23	73	65	90	
18	30	38	43	3	85	23	79	66	07	
18	35	38	54	3	86	23	86	66	26	
18	40	38	64	3	87	23	92	66	43	
18	45	38	75	3	88	23	99	66	62	
18	50	38	85	3	89	24	05	66	79	
18	55	38	96	3	90	24	12	66	98	
18	60	39	06	3	91	24	18	67	15	
18	65	39	17	3	92	24	25	67	34	
18	70	39	27	3	93	24	31	67	51	
18	75	39	38	3	94	24	38	67	70	
18	80	39	48	3	95	24	44	67	87	
18	85	39	59	3	96	24	51	68	06	
18	90	39	69	3	97	24	57	68	23	
18	95	39	80	3	98	24	64	68	42	
19	00	39	90	3	99	24	70	68	59	
19	05	40	01	4	01	24	77	68	79	
19	10	40	11	4	02	24	83	68	96	
19	15	40	22	4	03	24	90	69	15	
19	20	40	32	4	04	24	96	69	32	
19	25	40	43	4	05	25	03	69	51	
19	30	40	53	4	06	25	09	69	68	
19	35	40	64	4	07	25	16	69	87	
19	40	40	74	4	08	25	22	70	04	
19	45	40	85	4	09	25	29	70	23	
19	50	40	95	4	10	25	35	70	40	
19	55	41	06	4	11	25	42	70	59	
19	60	41	16	4	12	25	48	70	76	
19	65	41	27	4	13	25	55	70	95	
19	70	41	37	4	14	25	61	71	12	
19	75	41	48	4	15	25	68	71	31	
19	80	41	58	4	16	25	74	71	48	
19	85	41	69	4	17	25	81	71	67	
19	90	41	79	4	18	25	87	71	84	

Nombre d'hect. 1.		Droit principal 2.		Décime. 3.		Droit d'octroi. 4.		Total général. 5.		Observations. 6.
h.	l.	f.	c.	f.	c.	f.	c.	f.	c.	
19	95	41	90	4	19	25	94	72	03	Plus 10 c.^mes pour timbre.
20	00	42	00	4	20	26	00	72	20	
20	05	42	11	4	22	26	07	72	40	
20	10	42	21	4	23	26	13	72	57	
20	15	42	32	4	24	26	20	72	76	
20	20	42	42	4	25	26	26	72	93	
20	25	42	53	4	26	26	33	73	12	
20	30	42	63	4	27	26	39	73	29	
20	35	42	74	4	28	26	46	73	48	
20	40	42	84	4	29	26	52	73	65	
20	45	42	95	4	30	26	59	73	84	
20	50	43	05	4	31	26	65	74	01	
20	55	43	16	4	32	26	72	74	20	
20	60	43	26	4	33	26	78	74	37	
20	65	43	37	4	34	26	85	74	56	
20	70	43	47	4	35	26	91	74	73	
20	75	43	58	4	36	26	98	74	92	
20	80	43	68	4	37	27	04	75	09	
20	85	43	79	4	38	27	11	75	28	
20	90	43	89	4	39	27	17	75	45	
20	95	44	00	4	40	27	24	75	64	
21	00	44	10	4	41	27	30	75	81	
21	05	44	21	4	43	27	37	76	01	
21	10	44	31	4	44	27	43	76	18	
21	15	44	42	4	45	27	50	76	37	
21	20	44	52	4	46	27	56	76	54	
21	25	44	63	4	47	27	63	76	73	
21	30	44	73	4	48	27	69	76	90	
21	35	44	84	4	49	27	76	77	09	
21	40	44	94	4	50	27	82	77	26	
21	45	45	05	4	51	27	89	77	45	
21	50	45	15	4	52	27	95	77	62	
21	55	45	26	4	53	28	02	77	81	
21	60	45	36	4	54	28	08	77	98	
21	65	45	47	4	55	28	15	78	17	
21	70	45	57	4	56	28	21	78	34	
21	75	45	68	4	57	28	28	78	53	
21	80	45	78	4	58	28	34	78	70	
21	85	45	89	4	59	28	41	78	89	
21	90	45	99	4	60	28	47	79	06	
21	95	46	10	4	61	28	54	79	25	

NOMBRE d'hect. 1.		DROIT principal 2.		DÉCIME. 3.		DROIT d'octroi. 4.		TOTAL général. 5.		Observations. 6.
h.	l.	f.	c.	f.	c.	f.	c.	f.	c.	
22	00	46	20	4	62	28	60	79	42	Plus 10 c.mes pour timbre.
22	05	46	31	4	64	28	67	79	62	
22	10	46	41	4	65	28	73	79	79	
22	15	46	52	4	66	28	80	79	98	
22	20	46	62	4	67	28	86	80	15	
22	25	46	73	4	68	28	93	80	34	
22	30	46	83	4	69	28	99	80	51	
22	35	46	94	4	70	29	06	80	70	
22	40	47	04	4	71	29	12	80	87	
22	45	47	15	4	72	29	19	81	06	
22	50	47	25	4	73	29	25	81	23	
22	55	47	36	4	74	29	32	81	42	
22	60	47	46	4	75	29	38	81	59	
22	65	47	57	4	76	29	45	81	78	
22	70	47	67	4	77	29	51	81	95	
22	75	47	78	4	78	29	58	82	14	
22	80	47	88	4	79	29	64	82	31	
22	85	47	99	4	80	29	71	82	50	
22	90	48	09	4	81	29	77	82	67	
22	95	48	20	4	82	29	84	82	86	
23	00	48	30	4	83	29	90	83	03	
23	05	48	41	4	85	29	97	83	23	
23	10	48	51	4	86	30	03	83	40	
23	15	48	62	4	87	30	10	83	59	
23	20	48	72	4	88	30	16	83	76	
23	25	48	83	4	89	30	23	83	95	
23	30	48	93	4	90	30	29	84	12	
23	35	49	04	4	91	30	36	84	31	
23	40	49	14	4	92	30	42	84	48	
23	45	49	25	4	93	30	49	84	67	
23	50	49	35	4	94	30	55	84	84	
23	55	49	46	4	95	30	62	85	03	
23	60	49	56	4	96	30	68	85	20	
23	65	49	67	4	97	30	75	85	39	
23	70	49	77	4	98	30	81	85	56	
23	75	49	88	4	99	30	88	85	75	
23	80	49	98	5	00	30	94	85	92	
23	85	50	09	5	01	31	01	86	11	
23	90	50	19	5	02	31	07	86	28	
23	95	50	30	5	03	31	14	86	47	
24	00	50	40	5	04	31	20	86	64	

Nombre d'hect. 1.		Droit principal 2.		Décime. 3.		Droit d'octroi. 4.		Total général. 5.		Observations. 6.
h.	l.	f.	c.	f.	c.	f.	c.	f.	c.	
24	05	50	51	5	06	31	27	86	84	Plus 10 c.mes pour timbre.
24	10	50	61	5	07	31	33	87	01	
24	15	50	72	5	08	31	40	87	20	
24	20	50	82	5	09	31	46	87	37	
24	25	50	93	5	10	31	53	87	56	
24	30	51	03	5	11	31	56	87	73	
24	35	51	14	5	12	31	66	87	92	
24	40	51	24	5	13	31	72	88	09	
24	45	51	35	5	14	31	79	88	28	
24	50	51	45	5	15	31	85	88	45	
24	55	51	56	5	16	31	92	88	64	
24	60	51	66	5	17	31	98	88	81	
24	65	51	77	5	18	32	05	89	00	
24	70	51	87	5	19	32	11	89	17	
24	75	51	98	5	20	32	18	89	36	
24	80	52	08	5	21	32	24	89	53	
24	85	52	19	5	22	32	31	89	72	
24	90	52	29	5	23	32	37	89	89	
24	95	52	40	5	24	32	44	90	08	
25	00	52	50	5	25	32	50	90	25	
26	00	54	60	5	46	33	80	93	86	
27	00	56	70	5	67	35	10	97	47	
28	00	58	80	5	88	36	40	101	08	
29	00	60	90	6	09	37	70	104	69	
30	00	63	00	6	30	39	00	108	30	
31	00	65	10	6	51	40	30	111	91	
32	00	67	20	6	72	41	60	115	52	
33	00	69	30	6	93	42	90	119	13	
34	00	71	40	7	14	44	20	122	74	
35	00	73	50	7	35	45	50	126	35	
36	00	75	60	7	56	46	80	129	96	
37	00	77	70	7	77	48	10	133	57	
38	00	79	80	7	98	49	40	137	18	
39	00	81	90	8	19	50	70	140	79	
40	00	84	00	8	40	52	00	144	40	
41	00	86	10	8	61	53	30	148	01	
42	00	88	20	8	82	54	60	151	62	
43	00	90	30	9	03	55	90	155	23	
44	00	92	40	9	24	57	20	158	84	
45	00	94	50	9	45	58	50	162	45	

Exemples *de Multiplications pour apprendre la manière d'établir la perception des droits d'entrée et d'octroi.*

Les personnes qui voudront elles-mêmes faire l'opération sans avoir recours au Tarif, opèreront ainsi qu'il suit :

Admettons qu'un propriétaire eût à faire entrer 15 hect. 65 litres de vin en cercles, quelle est la somme qu'il aura à payer pour droits d'entrée et d'octroi ?

A multiplier	15 65
par	2 10
	1 56 50
	31 30
Produit.	32,86,50

Solution. Le produit de notre multiplication est de 32 fr. 87 cent. pour droit principal, en forçant la fraction à l'entier, comme d'usage ; ensuite il faut prendre la dixième partie du même produit, c'est ce que nous appelons *décime*. Or, le dixième de 32 fr. 87 c. est 3 fr. 29 c., que le propriétaire devra payer pour droit principal et décime. Nous allons faire une autre opération pour le droit d'octroi.

Opération.

A multiplier	15 65
par	1 30
	4 69 50
	15 65
	20,34,50

Récapitulation.

Le droit principal se monte à	32 f.	87 c.
Le décime, à	3	29
Et le droit d'octroi, à	20	35
Total	56 f.	51 c.

que le propriétaire doit payer pour droits d'entrée et d'octroi sur son introduction de 15 hect. 65 litres de vin en cercles. (Voir la preuve à la pag. 30, lign. 38.)

A l'appui de ce que nous avons avancé dans l'avis qui suit immédiatement la Préface, que le montant du droit devait être établi par deux opérations, car autrement il y aurait différence d'un ou de deux centimes, nous allons le prouver par l'opération ci-dessous, tant pour servir de preuve à ce que nous avons dit, que pour éviter deux opérations aux personnes qui ne voudront savoir le montant des droits de telle introduction quelconque qu'approximativement : alors il leur suffira d'une seule opération, comme ci-après :

Exemple.

A multiplier	15 h. 65 l.	
par	3 61,	montant d'un hectolitre.
	15 65	
	9 39 0	
	46 95	
Produit.	56,49,65	

Tarif pour la perception des droits sur les Vins introduits en bouteilles, d'après la nouvelle réduction du 9 décembre 1830.

Droit principal . . .	2 f.	10 c.	6 f. 01 c. par hect.
Décime	»	21	
Droit d'octroi	3	70	

Les personnes qui voudront faire elles-mêmes la preuve du tableau suivant, *pag.* 38, ou qui voudraient introduire une quantité de vin en bouteilles, plus forte que celles portées sur ledit tableau, devront opérer de la même manière que nous l'avons fait ci-devant *pag.* 36 *et ci-dessus*, pour les vins en cercles, en observant toutefois que le droit d'octroi est de 3 fr. 70 c. l'hectolitre, comme on le voit dans le tarif ci-dessus.

Tarif *pour la perception des droits sur les vins introduits en bouteilles.*

Nombre d'hect. 1.		Droit principal 2.		Décime. 3.		Droit d'octroi. 4.		Total général. 5.		Observations 6.
h.	l.	f.	c.	f.	c.	f.	c.	f.	c.	
»	01	»	03	»	01	»	04	»	08	Plus 10 c.mes pour timbre.
»	02	»	05	»	01	»	08	»	14	
»	03	»	07	»	01	»	12	»	20	
»	04	»	09	»	01	»	15	»	25	
»	05	»	11	»	02	»	19	»	32	
»	06	»	13	»	02	»	23	»	38	
»	07	«	15	»	02	»	26	»	43	
»	08	»	17	»	02	»	30	»	49	
»	09	»	19	»	02	»	34	»	55	
»	10	»	21	»	03	»	37	»	61	
»	11	»	24	»	03	»	41	»	68	
»	12	»	26	»	03	»	45	»	74	
»	13	»	28	»	03	»	49	»	80	
»	14	»	30	»	03	»	52	»	85	
»	15	»	32	»	04	»	56	»	92	
»	16	»	34	»	04	»	60	»	98	
»	17	»	36	»	04	»	63	1	03	
»	18	»	38	»	04	»	67	1	09	
»	19	»	40	»	04	»	71	1	15	
»	20	»	42	»	05	»	74	1	21	
»	21	»	45	»	05	»	78	1	29	
»	22	»	47	»	05	»	82	1	34	
»	23	»	49	»	05	»	86	1	40	
»	24	»	51	»	06	»	89	1	46	
»	25	»	53	»	06	»	93	1	52	
»	26	»	55	»	06	»	97	1	58	
»	27	»	57	»	06	1	00	1	63	
»	28	»	59	»	06	1	04	1	69	
»	29	»	61	»	07	1	08	1	76	
»	30	»	63	»	07	1	11	1	81	
»	31	»	66	»	07	1	15	1	88	
»	32	»	68	»	07	1	19	1	94	
»	33	»	70	»	07	1	23	2	00	
»	34	»	72	»	08	1	26	2	06	
»	35	»	74	»	08	1	30	2	12	
»	36	»	76	»	08	1	34	2	18	
»	37	»	78	»	08	1	37	2	23	

Nombre d'hect. 1.		Droit principal 2.		Décime. 3.		Droit d'octroi. 4.		Total général. 5.		Observations 6.
h.	l.	f.	c.	f.	c.	f.	c.	f.	c.	
»	38	»	80	»	08	1	41	2	29	Plus 10 c.mes pour timbre.
»	39	»	82	»	09	1	45	2	36	
»	40	»	84	»	09	1	48	2	41	
»	41	»	87	»	09	1	52	2	48	
»	42	»	89	»	09	1	56	2	54	
»	43	»	91	»	10	1	60	2	61	
»	44	»	93	»	10	1	63	2	66	
»	45	»	95	»	10	1	67	2	72	
»	46	»	97	»	10	1	71	2	78	
»	47	»	99	»	10	1	74	2	83	
»	48	1	01	»	11	1	78	2	90	
»	49	1	03	»	11	1	82	2	96	
»	50	1	05	»	11	1	85	3	01	
»	51	1	08	»	11	1	89	3	08	
»	52	1	10	»	11	1	93	3	14	
»	53	1	12	»	12	1	97	3	21	
»	54	1	14	»	12	2	00	3	26	
»	55	1	16	»	12	2	04	3	32	
»	56	1	18	»	12	2	09	3	39	
»	57	1	20	»	12	2	12	3	44	
»	58	1	22	»	13	2	15	3	50	
»	59	1	24	»	13	2	19	3	56	
»	60	1	26	»	13	2	22	3	61	
»	61	1	29	»	13	2	26	3	68	
»	62	1	31	»	14	2	30	3	75	
»	63	1	33	»	14	2	33	3	80	
»	64	1	35	»	14	2	37	3	86	
»	65	1	37	»	14	2	41	3	92	
»	66	1	39	»	14	2	45	3	98	
»	67	1	41	»	15	2	48	4	04	
»	68	1	43	»	15	2	52	4	10	
»	69	1	45	»	15	2	56	4	16	
»	70	1	47	»	15	2	59	4	21	
»	71	1	50	»	15	2	63	4	28	
»	72	1	52	»	16	2	67	4	35	
»	73	1	54	»	16	2	71	4	41	
»	74	1	56	»	16	2	74	4	46	
»	75	1	58	»	16	2	78	4	52	
»	76	1	60	»	16	2	82	4	58	
»	77	1	62	»	17	2	85	4	64	
»	78	1	64	»	17	2	89	4	70	

Nombre d'hect. 1.		Droit principal 2.		Décime. 3.		Droit d'octroi. 4.		Total général. 5.		Observations. 6.
h.	l.	f.	c.	f.	c.	f.	c.	f.	c.	
»	79	1	66	»	17	2	93	4	76	Plus 10 c.mes pour timbre.
»	80	1	68	»	17	2	96	4	81	
»	81	1	71	»	18	3	00	4	89	
»	82	1	73	»	18	3	04	4	95	
»	83	1	75	»	18	3	08	5	01	
»	84	1	77	»	18	3	11	5	06	
»	85	1	79	»	18	3	15	5	12	
»	86	1	81	»	19	3	19	5	19	
»	87	1	83	»	19	3	22	5	24	
»	88	1	85	»	19	3	26	5	30	
»	89	1	87	»	19	3	30	5	36	
»	90	1	89	»	19	3	33	5	31	
»	91	1	92	»	20	3	37	5	49	
»	92	1	94	»	20	3	41	5	55	
»	93	1	96	»	20	3	45	5	61	
»	94	1	98	»	20	3	48	5	66	
»	95	2	00	»	20	3	52	5	72	
»	96	2	02	»	21	3	56	5	79	
»	97	2	04	»	21	3	59	5	84	
»	98	2	06	»	21	3	63	5	90	
»	99	2	08	»	21	3	67	5	96	
1	00	2	10	»	21	3	70	6	01	
1	01	2	13	»	22	3	74	6	09	
1	02	2	15	»	22	3	78	6	15	
1	03	2	17	»	22	3	82	6	21	
1	04	2	19	»	22	3	85	6	26	
1	05	2	21	»	23	3	89	6	33	
1	06	2	23	»	23	3	93	6	39	
1	07	2	25	»	23	3	96	6	44	
1	08	2	27	»	23	4	00	6	50	
1	09	2	29	»	23	4	04	6	56	
1	10	2	31	»	24	4	07	6	62	
1	11	2	34	»	24	4	11	6	69	
1	12	2	36	»	24	4	15	6	75	
1	13	2	38	»	24	4	19	6	81	
1	14	2	40	»	24	4	22	6	86	
1	15	2	42	»	25	4	26	6	93	
1	16	2	44	»	25	4	30	6	99	
1	17	2	46	»	25	4	33	7	04	
1	18	2	48	»	25	4	37	7	10	
1	19	2	50	»	25	4	41	7	16	

TARIF *de ce que doit payer le Débitant de vin à la Régie, provenant du* 10 *p. °/₀ pour la vente du vin (déduction faite du* 25 *p. °/₀).*

NOMBRE de litres à 15 c.s		MONTANT des droits.		NOMBRE de litres à 17 c.s ½		MONTANT des droits.		NOMBRE de litres à 20 c.s		MONTANT des droits.	
h.	c.	f.	c.	h.	l.	f.	c.	h.	l.	f.	c.
»	25	»	41	»	25	»	48	»	25	»	54
»	50	»	81	»	50	»	95	»	50	1	07
1	00	1	61	1	00	1	87	1	00	2	14
2	00	3	21	2	00	3	74	2	00	4	27
3	00	4	81	3	00	5	61	3	00	6	41
4	00	6	41	4	00	7	47	4	00	8	54
5	00	8	01	5	00	9	34	5	00	10	67
6	00	9	61	6	00	11	21	6	00	12	81
7	00	11	21	7	00	13	08	7	00	14	94
8	00	12	81	8	00	14	94	8	00	17	08
9	00	14	41	9	00	16	81	9	00	19	21
10	00	16	01	10	00	18	68	10	00	21	34
11	00	17	62	11	00	20	55	11	00	23	48
12	00	19	21	12	00	22	41	12	00	25	61
13	00	20	82	13	00	24	28	13	00	27	75
14	00	22	41	14	00	26	15	14	00	29	88
15	00	24	02	15	00	28	02	15	00	32	01
16	00	25	61	16	00	29	88	16	00	34	15
17	00	27	22	17	00	31	75	17	00	36	28
18	00	28	81	18	00	33	62	18	00	38	42
19	00	30	42	19	00	35	49	19	00	40	55
20	00	32	01	20	00	37	35	20	00	42	68
21	00	33	61	21	00	39	22	21	00	44	82
22	00	35	22	22	00	41	09	22	00	46	95
23	00	36	82	23	00	42	96	23	00	49	09
24	00	38	42	24	00	44	82	24	00	51	22
25	00	40	02	25	00	46	69	25	00	53	35
26	00	41	62	26	00	48	56	26	00	55	49
27	00	43	22	27	00	50	43	27	00	57	62
28	00	44	82	28	00	52	29	28	00	59	76
29	00	46	42	29	00	54	16	29	00	61	89
30	00	48	02	30	00	56	03	30	00	64	02

NOMBRE de litres à 15 c.s		MONTANT des droits.		NOMBRE de litres à 17 c.s ½		MONTANT des droits.		NOMBRE de litres à 20 c.s		MONTANT des droits.	
h.	l.	f.	c.	h.	l.	f.	c.	h.	l.	f.	c.
31	00	49	63	31	00	57	90	31	00	66	16
32	00	51	22	32	00	59	76	32	00	68	29
33	00	52	83	33	00	61	63	33	00	70	43
34	00	54	42	34	00	63	50	34	00	72	56
35	00	56	03	35	00	65	37	35	00	74	69
36	00	57	62	36	00	67	23	36	00	76	83
37	00	59	23	37	00	69	10	37	00	78	96
38	00	60	82	38	00	70	97	38	00	81	10
39	00	62	43	39	00	72	84	39	00	83	23
40	00	64	02	40	00	74	69	40	00	85	36
41	00	65	63	41	00	76	56	41	00	87	50
42	00	67	23	42	00	78	43	42	00	89	63
43	00	68	83	43	00	80	30	43	00	91	77
44	00	70	43	44	00	82	16	44	00	93	90
45	00	72	03	45	00	84	03	45	00	96	03
46	00	73	63	46	00	85	90	46	00	98	17
47	00	75	23	47	00	87	77	47	00	100	30
48	00	76	83	48	00	89	63	48	00	102	44
49	00	78	43	49	00	91	50	49	00	104	57
50	00	80	03	50	00	93	37	50	00	106	70

Le débitant qui vendrait son vin à un prix autre que ceux portés sur le présent Tableau, opèrera ainsi que nous l'avons dit dans l'observation faite aux propriétaires, *pag.* 48.

Exemple de multiplication concernant les propriétaires-entrepositaires.

Le propriétaire-entrepositaire qui voudra connaître la somme qu'il doit payer pour droit de vente, sur telle quantité de vin qu'il jugera à propos, à raison du 10 p.r ₒ|ₒ sur le prix du vin vendu, opèrera de la manière suivante :

Supposons avoir vendu un muid de vin à 15 c. le litre, combien devons-nous payer pour droit de vente ?

Opération.

A multiplier	6,84	litres
par	15	cent.
	34 20	
	68 4	
Produit.	102,60	

Le produit de notre multiplication nous donne 102 fr. 60 cent. qui est le prix auquel se porte le muid de vin vendu. Afin de savoir actuellement ce que nous devons à la Régie, il faut en extraire la dixième partie.

Le dixième de 102 fr. 60 cent. est 10 fr. 26 cent.; mais il faut déduire de cette somme de 10 f. 26 cent. le 25 p.r °/o que le Gouvernement accorde de bonification.

Pour savoir maintenant quelle est la somme que nous avons à déduire, multiplions 10 fr. 26 cent. par 25, le produit de notre multiplication, après avoir retranché deux figures, sera celle que nous aurons à déduire provenant des 25 p.r °/o susdits.

Opération.

A multiplier	10,26
par	25
	51 30
	2 05 2
	2,56,50

En retranchant les deux derniers chiffres, comme on l'a dit ci-dessus, 2 fr. 56 c. sont le résultat de la bonification du 25 p. °/o sur 10 fr. 26 c.

Soustraction.

Or, qui de	10 fr.	26 c.	
paye	2	56	
Reste à payer	7 fr.	70	plus le décime.
Le dixième de 7 fr. 70 c. est .	»	77	
Total	8 fr.	47 c.	

que le propriétaire doit payer à la Régie, pour droit de vente sur un muid de vin, c'est-à-dire, sur 684 litres.

Le propriétaire-entrepositaire qui vendra son vin à 15, 20 ou 25 centimes, multipliera toujours le nombre de litres vendus par son prix respectif, et, en opérant de la même manière que nous lui avons démontré, il est assuré de concorder avec les opérations des employés.

Le débitant qui voudra également faire lui-même une opération semblable pour ce qui le concerne, opèrera de même, mais en observant que, comme la déduction à lui faite n'est que du 3 p.r °|o, il ne déduira conséquemment que le 3 p.r °|o sur la somme déjà extraite du montant du muid ou de telle autre quantité qu'il aura vendue.

Autre Exemple servant de preuve.

Un débitant de vin a vendu 25,00 litres de vin à 25 c. le litre, quelle est la somme qu'il doit payer pour droit de vente ?

Opération.

A multiplier	25,00 litres
par	20
Produit.	500,00

Le produit de la multiplication est 500 fr. auxquels se montent les 2500 litres, de laquelle somme il faut extraire le dixième.

Le dixième de 500 fr. est 50 fr., d'où il faut déduire le 3 p.r °|o de bonification appartenant au débitant.

Opération.

A multiplier	50
par	3
Produit.	1,50

Le produit de notre règle de cent est de 1 fr. 50 c. pour bonification du 3 p.r °|o, laquelle somme doit être défalquée de 50 fr.

Soustraction.

Qui de	50 fr.	00 c.
paye	1	50
Reste à payer	48 fr.	50 c. plus le décime.
Le dixième de 48 f. 45 c. est . .	4	85
Total	53 fr.	35 c.

que le débitant doit payer à la Régie, pour droit de vente sur 25 hectolitres de vin.

(Voir le Tableau *pag.* 49, *lign.* 27, *art.* 20 c. le litre.)

ERRATA.

Page 6, 2.me ligne ; *au lieu* des vins, *lisez* les vins.

Page 36, 13.me ligne ; *au lieu de* est 3 fr. 29 c., que le propriétaire devra payer pour droit principal et décime., *lisez* est de 3 fr. 29 c. de décime, que le propriétaire devra payer en outre du droit principal.

TABLE.

Des formalités que doit remplir le propriétaire récoltant, lorsqu'il veut faire enlever du vin de sa cave. pag. 5
De l'introduction du vin dans un lieu sujet aux droits d'entrée. 6
De l'analyse des mesures de capacité. 8
Rapport des anciennes mesures aux nouvelles. 9
Manière d'apprendre à nombrer les nouvelles mesures de capacité. ibid.
Réduction des veltes en litres. 10
Autre exemple de réduction. 11
Idem *plus compliqué.* ibid.
Réduction des litres en muid. 12
Exemple de multiplication pour trouver le montant de telle quantité de muids qu'on voudra. ibid.
Autre exemple à tant la velte combien le muid. 13
Exemple de division pour trouver ce que coûte un litre de vin à tant le muid. ibid.
Preuve de l'opération ci-dessus. ibid.
Réduction des litres en veltes. 14
Autre réduction des veltes en muids. 15
Tableau du rapport des veltes en hectolitres, litres, décilitres et centilitres. ibid.
Exemple de division pour trouver ce que coûte un litre de vin à tant le baral. 18
Opération inverse de la précédente, pour trouver le montant d'un muid de vin à tant le litre. ibid.
Tableau du rapport des baraux en veltes, hectolitres, litres et décilitres. 16

Cubage des pièces au moyen de la velte longue, ou la manière d'apprendre à jauger. pag. 20
Article concernant le débitant d'achat. 21
Tarif des droits d'entrée et d'octroi sur les vins introduits en cercles. 22
Tarif pour abréger les opérations de la perception des droits d'entrée et d'octroi. 23
Exemple de multiplication pour apprendre la manière d'établir la perception des droits d'entrée et d'octroi. 36
Tarif des droits d'entrée et d'octroi sur les vins introduits en bouteilles. 37
Autre Tarif pour abréger les opérations sur la perception des droits sur les vins en bouteilles. 38
Tarif pour la perception des droits sur les liqueurs, etc. 43
Autre Tarif pour abréger les opérations sur la perception des liqueurs, etc. 44
Tarif de ce que doit payer le propriétaire-entrepositaire à la Régie, provenant du 10 p.r °/o sur la vente du vin. 47
Idem *concernant les débitans de vin.* 49
Exemple de multiplication, ou manière d'apprendre à établir le droit de vente. 50
Autre exemple servant de preuve au premier, mais concernant les débitans de vin. 52

www.ingramcontent.com/pod-product-compliance
Ingram Content Group UK Ltd.
Pitfield, Milton Keynes, MK11 3LW, UK
UKHW020430230726
13925UKWH00004B/1677

9 782014 428865